My idea of
universal gravitation
generation

万有引力発生の私案

Seismic isolation system

免震装置

西川正孝 著
Masataka Nishikawa

ブックウェイ

Table of contents　目次

My idea of universal gravitation generation
　　　万有引力発生の私案　　　page　　3

Seismic isolation system
　　　免震装置　　　　　　　page　15

My idea of universal gravitation generation
万有引力発生の私案

Masataka Nisikawa

西川　正孝

gravitation　引力

　人は地面に立つことが出来る。物を手放せば地面に落ちる。日常のことで不思議には思わ無い。この日常のことから、ニュートンはリンゴが落ちるのを見て重力の存在を発見したと言われている。

　そして、この事象から考えを進め、物質同士引き合っている事を発見し、ニュートンは万有引力の存在を法則化した。ケプラーもまた宇宙での運動を法則化した。これらは力学など数式として各運動や宇宙での運動に使われ、紛れもない事実である。しかしこれらを使う事は出来ても、なぜ万有引力があるのか分かっていない。

　これらの法則から万有引力は質量に比例して強弱は決まる。

　では引力は何かと言えば、質量抜きでは語れない。しかも電気にも磁気にも反応しないから、現代の科学では法則を利用するのみで、人工的にコントロールすることは出来ない。テレビ、ラジオ、携帯電話など、普段身の回りで使っている電波は、特定の周波数を捉えるため、電子パーツを使ってチューニングさせている。身の回りで何もしていないのに、時折ビビリ音が出ることがある。これは音の発生源の固有振動数と、どこからか伝わってくる振動数が同調（共振）する事から発生する。いわ

ゆる音叉が共鳴するのと同じである。

原子においてはどうだろう。 How will about at atom.

原子の固有振動数は電子の運動によって発生すると考えられているが、その固有振動している原子に原子と同じ周波数のレーザー光とか電磁波が当たると、それらの波は原子によって吸収されるらしい。言い換えれば、固有振動で出る波が電磁波であれば、同じ種類の原子は引き合うことになる。例えば金塊が塊であり続けられるのは、隣り合う同じ金原子が引き合っているからである。

The natural frequency of atoms is thought to be generated by the motion of electrons, but when the laser beam or electromagnetic wave of the same frequency as the atoms strikes the atoms that are same natural frequency, those waves seem to be absorbed by the atoms. In other words, if the wave that emerges by natural frequency is an electromagnetic wave, atoms of the same type will attract each other.

For example, gold chunks can continue to be chunks because adjacent gold atoms are attracted.

原子は各々の固有振動数を持っている。原子は固有振動数に合う振動数の電磁波を吸収したり、レーザー光を与えると性質も変わるらしい。

Each atom has its own natural frequencies. Atoms seem to change their properties when they absorb electromagnetic waves with a frequency that matches their natural frequency or give them laser light.

4　　万有引力発生の私案

上記の事を 2019 年 3 月 7 日、NHK〔Eテレ〕サイエンス ZERO で放映されていた。〔インターネットで調べた所によると、理化学研究所量子計測研究室と東京大学大学院工学系研究科によるストロンチウム原子の振動数を利用した時計の共同研究との記載があった〕

　詳しいことは分からないが、もし吸収か、引き合えば、物質はあらゆる原子の集まりであるから、中にはお互い原子の振動数にあった電磁波を保有していて引き合うのではないだろうか。

　この考えを進めるならば、物質はあらゆる原子の集まりで、あらゆる振動数を持っているが、あらゆる振動数、あらゆる波長を持っていると単体の波形のように綺麗には表せない。混ざり合っているから整合性、すなわちチューニング（同調）させなければ分けることが出来ない。　しかし物質には多種類、或いは同種でも数が多い。それらの波形を束ねるならば一本の棒のようになってしまう。しかし前記したように、それぞれ原子の固有振動数と、その振動数に合った電磁波は原子に吸収されるならば、物質は様々な原子の集まりで、あらゆる固有振動数を保有しているから、あらゆる電磁波を吸収すると考えられる。

　そして物質が大きいと原子の数や種類も多いし質量も大きい。

　If an electromagnetic wave matching the natural frequency of the atom and its frequency is absorbed by the atom, the substance is a collection of various atoms and possesses all natural frequencies, so it is considered to absorb all electromagnetic waves.　And if the substance is large, the number and type of atoms are large and the mass is also large.

吸収力は原子の総集で決まるから、吸収力の総集があらゆるものに作用する万有引力と言えるのではないか。質量は原子の数で決まり、引力に比例する。

Absorbency is determined by the collection of atoms, so it may be said that the aggregate of absorbency is universal gravitation acting on everything. The mass is determined by the number of atoms and is proportional to the attraction.

更に言えば引力も電磁波の一種であると言えるだろう。

Furthermore, it can be said that attraction is also a kind of electromagnetic wave.

〔参考1〕前記した理化学研究所の研究による測定で、813ナノメートル（魔法波長と言われている）のレーザー光を照射すると、ストロンチウム原子の正確な固有振動数が測定でき、セシウムより固有振動数が大きいので、セシウム時計より5桁正確な周波数が使える時計ができるようになったようだ（光格子時計、セシウム原子時計）。

〔参考2〕ストロンチウム（原子番号38、記号Sr）の測定された固有振動数は、429兆2280億422万9873回／秒。時計は300億年に1秒ズレる。

セシウム（原子番号55、記号Cs）の固有周波数91億9263万1770回／秒　時計は3億年で1秒ズレる。この振動数も同じ振動数のレーザーの影響を受ける。

BLack hole　ブラックホール

前記したように、原子と同じ振動数（周波数）のレーザー光や電磁波のみ吸収し、これが重力（引力）であるならば、引力は原子の量に比例する。そして質量も原子の量によって決まる。

As described above, if only laser light or electromagnetic waves having the same frequency (frequency) as the atoms are absorbed, and this is gravity (attractive force), the attractive force is proportional to the amount of atomic.

And the mass also determined by the amount of atomic.

ブラックホールが超重力であるとすれば、超質量、言い換えれば超原子の集まりであるということができるから、かなり大きくなり、なんらかの方法で、必ず見ることが出来るはずである。

If a black hole is super gravity, it can be said that it is a super mass, in other words, a collection of super atoms, so it be quite large and must visible in some way.

しかし重力が大きいため、光が吸収され映像は見ることが出来ないらしい。

However, because of the large gravity, it seems that light is absorbed and the image can not be viewed.

空間が歪むと言われるのは、そこを通る光を含む物質が超重力によって引っ張られるから歪むように見えるのであろう。

It is said reason that the space is distorted, it seems to be distorted because the material containing the light passing there is pulled by super gravity.

従って、その側には大きな星など大きな天体があるはずで

ある。

Therefore, there should be big stars such as big celestial body on that side.

それがブラックホールと言われていると思う。

I think that is said to be a black hole.

また、その側を通るとき超引力を受け、あらゆるものが影響を受けるから重力波があると考えているのではないか。

Also, when be throughing that side, it receives super gravity, will can be thinking that there is a gravity wave because everything is affected.

光が歪むのは、光が大きな天体にあるのと同じ周波数の電磁波を持っているから引っ張られると考えられる。

The distortion of light is thought to be because the light has an electromagnetic wave of the same frequency as that of a large object.

以上のことから、私はブラックホールの名称は不適当だと思う。

From the above, I think the name of the black hole is inappropriate.

もし直径の大きな Hole であれば、原子や物質から離れることになる。

If it is a large diameter hole, it will be away from atoms and matter.

万有引力の法則から、引力は距離の2乗に反比例するから弱くなる。

From the law of universal gravitation, Gravity weakens because it is inverse proportion to the square of the distance.

誰も形は見ていないが、超強引力で中心に引っ張られるので、理想的に考えるならば球体だと考えられる。

No one have seesed the shape, but because it is pulled to the center with super strong force, it is considered to be a sphere, if thinking in ideal.

この原稿を執筆中（2019年4月10日）に、突然ブラックホール発見のニュースが映像と共に飛び込んで来た。グッドタイミングだった。その画像も参考までに転載（インターネットから）しておく。

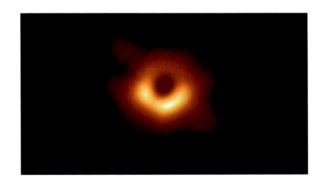

M87銀河内、直径1000億km（太陽系がすっぽり入る大きさ）重さ太陽の質量の65億倍らしい。
〔私の見解〕
前記したようにブラックホールは大きな球天体だから、内部の黒い所が大きな球天体だと考えます。決してHoleではないでしょう。
同ニュースで、周囲の黄色いところは数百万度の高温のガスが輝いている光と言われていました。

この画像は宇宙からの情報（データー）を解析してコンピューターで合成作成した映像です。果たしてこの形なのでしょうか？

核無力化に付いての夢想

レーザー光の増幅には昔から、2枚の反射板間で、レーザー光を何度も往復させ、波形を重ね合わせて増幅させていた。

原子爆弾もそれに使用している原子の固有振動数が分かれば、これと同じ固有振動数を利用したり、レーザー光等を使用して、同じ振動を内部に入り込ませ、増幅した強力な逆の波形を与えて、原子の固有振動を打ち消したり、性質を変えさせれば、原子の内部から**放射線の無能化や原子爆弾の破壊**が視野に入ってくるのではないだろうか…

10　　万有引力発生の私案

〔最後に〕〔Finally〕

(1) 万有引力の法則との関係。

The relationship with the law of universal gravity.

万有引力の法則　The law of universal gravity.

$$F = GmM/R^2$$

mM は 2 物体の質量。mM 共色々な原子の総集である。

(mM) is the mass of 2 objects. (mM) is a collection of various atoms.　R は mM の中心間距離。R is the center-to-center distance of mM.

G は mM を構成する色々な原子の種類によって決まる係数。更に言うと、m と M 内の同じ種類の原子の固有振動数に吸収される引力によって決まる。

G is a coefficient determined by the types of various atoms constituting mM.

Furthermore, it is determind at the attractive force absorbed in the natural frequencies of the atoms of the same type in m and M.

F（万有引力）は上記した GmM/R^2 で決まる力。

F(The universal gravitation force) is the force determined by the above GmM/R^2.

従って、太陽と惑星の引力を考えると、太陽の内部には惑星が保有する原子と同じ原子が有るはずです。

Therefore, given the attraction of the sun and the planet, in side the sun should have the same atoms as the planets possess.

太陽の近くで、太陽が発する電磁波の波長を、より詳しく分

11

析し、全ての原子の固有振動数と比較すれば明確になるかも知れません。

Near the sun, the wavelength of the electromagnetic waves emitted at analyzed in more detail, if do compared to the natural frequencies of all atoms, it may be clarification.

また、ストロンチウム原子は固有振動数以外の周波数にも影響を受けた事から、他の原子も影響を受けるかも知れません。

In addition, other atoms may be influenced as strontium atoms are also influenced by frequencies other than natural frequencies.

(2) 全ての原子が固有振動数と同じ電磁波を出しているか？

Are all atoms emitting the same electromagnetic waves as natural frequencies ?

(3) 原子の固有振動数と同じ周波数の電磁波は吸収することから、同種の原子がどれだけの力で引き合うか？

Because electromagnetic waves of the same frequency as the natural frequency of the atom are absorbed, attract the same kind atom each other at how much force ?

これらが実証出来れば、万有引力の発生が証明できたと考えます。

If these can be demonstrated, I think that the generation of universal gravity has been proved.

(4) 考察　Consideration

原子の固有振動において、原子の質量 m、振幅 A、時間 t、角速度 ω として、加速度を求め、ニュートンの運動方程式で力 F_0 を求めると、

In the natural vibration of the atom, when put the mass

m of the atom, the amplitude A, the time t, and the angular velocity ω, and the force F_0 is calculated by the Newton's equation of motion,

$$F_0 = -mA\,\omega^2 \sin \omega\,t$$

ωは時と共に変化するから、力は一定で無いが、F_0は負の力で、原子に吸収される力になるのかも知れない。F_0の力はωの影響が大きい。

Since ω changes with time, the force is not constant, but F_0 may be a negative force that is absorbed by atoms.

The force of F_0 is largely influenced by ω.

(5) 上記したことは、私自身で実証出来ていません。理化学研究所が進めている光格子時計に使用するストロンチウム原子の固有振動数測定の実験映像から発想し、私の考えのみで進めてきました。

Seismic isolation system
免震装置

Masataka Nisikawa

西川　正孝

装置全体説明

　地震が建物に伝わらなくするには宙に浮かすしか無い。それに近い方法は水に浮かせるか、浮き袋のような空気クッションが考えられるが、実現は難しい。そこで横揺れと縦揺れを同時に防げば上記した状態に近づける。横揺れは地面と建物の間を滑らせれば目的は果たせる。

　ボールの上を転がせるか，ローラーベアリングをクロスに使っても良い。本構想図では滑る部分Bを設け、油を敷くことにした。地面が横揺れしても油面で滑って建物に伝わらなければ良い。しかし宙に浮いているのと同じだから、建物が何処へ移動するか分からない。それで建物に取り付けたポール部に、コントローラーで計算した上で、図のように3方から油圧シリンダまたは電動で、建物が動かぬように力を加えるが、宙に浮いている状態に似ている状態だから、基準になる箇所が無い。

　従って、日本の新しい精度の良いGPSを使い、屋上に設置した計測装置の信号をコントローラーへ送り、油圧装置へ信号を送る。

　縦揺れは図のごとく、急な下からの突き上げに対してはスプリング（建物の重さによって調整する）によって逃がすと共に、支えていたオイルも排出して逃がす。スプリングが急に戻ると、

戻りによって、建物内部は混乱するから、戻りはオイルの流れを制御して、ゆっくり戻るようにした。小刻みの縦揺れはスプリングが吸収する。

　また地割れなどで、基礎地盤が平面で無くなったときは、本装置を複数に分散して取り付けておけば、それぞれの高さを調整することによって水平が保てる。この各々の高さを調整するために、Ｘ部分でポール内のオイル量をコントロールする。ポールは内部にスプリングを有しながら、ピストンとシリンダーの役目もしている。

　前記したＧＰＳは横揺れによる場所ズレや縦揺れの平行度も測定する。また建物の重さによって、スプリングや油圧の調整をすれば良い。

　更に建物の重さや大きさによって装置の大きさや数は変わってくる。

　分散して使用すれば調整はし易い。上記したようにＧＰＳ装置関係、油圧関係、電動を使えばその分の操作エネルギーは必要となる。停電の可能性もあるから、自家発電、バッテリーの用意は必要となる。

　本装置Ｂの油面の代わりに、ボールとかローラーベアリングをクロスに重ねて使っても効果はあると考え、図中に入れた。

装置構想図　（Freescale）

西川　正孝

建造物

注意
可動部、摺動部には埃よけ
例えばジャバラのような柔らかく
変形できるカバーを付ける

オイルシール

ニップル

油圧用パイプ
　突き上げられた時は
　A域にオイルを逃がす
　突き上げて縮んだスプリング
　一気に戻ると建物が
　建物が壊れる
　ゆっくり戻す装置

A

建造物支えスプリング
下部で高さ調節
油圧と二段構え
突き上げ揺れ吸収
ポールP
Bが横揺れしても
Pは揺れない

絞り弁　ニードル弁

ボール

一方向弁
チェックバルブ

X

ニップル

パッキン

パッキン

B

給油口と栓

ニップル

オイル

ン抜き

B

パッキン

ース

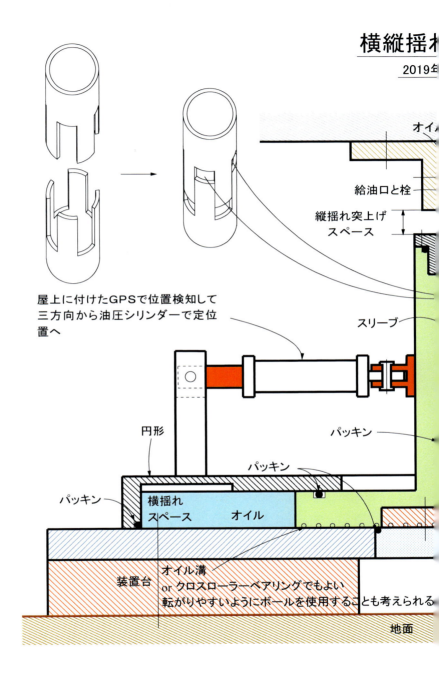

建物

　老人や体の不自由な人は高台へ上るのは難しい。誰がどのように実行するのか。これは言葉だけのように思えてならない。無理して助けようとすると二次被害が多発することは分かりきっている。そしてやっと 15 m 程の鉄骨製高台へ上っても、足下近くまで迫った水に恐れながら、その高台から津波や水災害の中を自宅が流れて行くのを見ていて、どのような心でいられるだろうか。　老いて急に目の前で無くなってしまった財産、その人の身になれば言わずと知れたことである。高知県では毛布を用意しているらしいが、冬であれば壁の無い鉄骨でどう凌げば良いのだろうか？

　「命だけ助かれば」とは言うけれど、老いて資金の蓄えも無く、住み家や財産を全て無くしてしまえば、どのように生きて行けば良いのか？。過去の災害で答えは出尽くしているだろう。

　しかし行政は、まず避難→避難地生活→仮設住宅とお決まりのコースしかないようだ。

　整地された土地に建てる仮設住宅の建設費は、一軒 500 万円程掛かるらしく、それも、5 年も経てば朽ちてくるらしい。更に入居期限も有るようで、もし整地したり、取り壊したり、後始末を入れると費用は嵩んでくる。

　災害の起こる確率は高まってきた。災害前から逃げなくても良い永住出来る住居を用意しなくては、非難も難しい上、非難から始まる全てのことが無駄になる。技術的に出来ることは前もってしておくことだ。

　地域の人や必要な組織が全てが入れるタワー型防災コンパク

19

トシティの画像を掲載しておく。

　これは我が著書『国家の存続』の表紙、『国家再生塾』にも掲載した物である。内容については上記2冊に記載したから本書では省く。

タワー型防災コンパクトシティ構想図

西川　正孝（にしかわ　まさたか）

昭和 21 年（1946 年）三重県生まれ。

昭和 40 年、大手の電機製品製作会社入社、昭和 48 年退職。

その後、数社の中小企業勤務、設計事務所、技術コンサルタント、専門校講師等、一貫して機械関係のエンジニアとして活躍。

著書に『約束の詩 ―治まらぬ鼓動―』『二重奏 ―いつか行く道―』『恋のおばんざい ―天下国家への手紙―』『国家の存続 ―天下国家への手紙―』『国家再生塾』『地磁気発生と磁極逆転の私案』がある。

My idea of universal gravitation generation　万有引力発生の私案／
Seismic isolation system　免震装置

2019年 7 月 8 日　発行

著　者　西川正孝
発行所　ブックウェイ
　　　　〒670-0933　姫路市平野町62
　　　　TEL.079 (222) 5372　FAX.079 (244) 1482
　　　　https://bookway.jp
印刷所　小野高速印刷株式会社
　　　　©Masataka Nishikawa 2019, Printed in Japan
　　　　ISBN978-4-86584-412-2

乱丁本・落丁本は送料小社負担でお取り換えいたします。

本書のコピー、スキャン、デジタル化等の無断複製は著作権法上での例外を除き禁じられています。本書を代行業者等の第三者に依頼してスキャンやデジタル化することは、たとえ個人や家庭内の利用でも一切認められておりません。